Esther Nguper Dansoho
Bartholomew Terfa Dansoho
Oryina Ikpenge

# MICROORGANISMOS E ECOSSISTEMA SUSTENTÁVEL NA NIGÉRIA

Esther Nguper Dansoho
Bartholomew Terfa Dansoho
Oryina Ikpenge

# MICROORGANISMOS E ECOSSISTEMA SUSTENTÁVEL NA NIGÉRIA

ScienciaScripts

Cover image: www.ingimage.com

This book is a translation from the original published under ISBN 978-620-7-81122-9.

Publisher:
Sciencia Scripts
is a trademark of
Dodo Books Indian Ocean Ltd. and OmniScriptum S.R.L publishing group

120 High Road, East Finchley, London, N2 9ED, United Kingdom
Str. Armeneasca 28/1, office 1, Chisinau MD-2012, Republic of Moldova, Europe
Printed at: see last page
**ISBN: 978-620-8-02841-1**

# MICROORGANISMOS E ECOSSISTEMA SUSTENTÁVEL NA NIGÉRIA

**Esther Nguper Dansoho**

**Oryina Ikpenge**

**Bartolomeu Terfa Dansoho**

**2024**

## DEDICAÇÃO

Dedicamos este trabalho a Deus Todo-Poderoso.

## AGRADECIMENTOS

Em primeiro lugar, gostaríamos de expressar a minha profunda gratidão ao Deus da Criação pela Sua orientação e proteção inabaláveis ao longo do meu percurso académico. A Sua graça tem sido uma fonte constante de força, permitindo-me ultrapassar desafios e atingir os meus objectivos.

A dádiva da vida e da boa saúde que Ele nos concedeu tem sido indispensável, permitindo-me concentrar-me nos meus estudos com uma mente clara e um corpo resistente. Em cada obstáculo e triunfo, a Sua presença tem sido uma força tranquilizadora, guiando os meus passos e dando-me a sabedoria e a força necessárias para ter sucesso. Por todas estas bênçãos, estamos profundamente agradecidos e em dívida.

# Índice

## RESUMO

Este estudo, Microorganismos e Ecossistema Sustentável na Nigéria Microorganismos, investiga o papel dos microorganismos em ecossistemas sustentáveis na Nigéria. Através da metodologia de revisão da literatura, o estudo examina a diversidade, a funcionalidade e as interações ecológicas dos microrganismos em vários ecossistemas da Nigéria, incluindo florestas, savanas, zonas húmidas e terras agrícolas. Através de investigação empírica, meta-análises e quadros teóricos, o estudo elucida a importância das comunidades microbianas para sustentar os processos e a resiliência dos ecossistemas. As principais conclusões destacam os impactos dos factores de stress ambiental, como as alterações da utilização dos solos e as alterações climáticas, nas comunidades microbianas do solo, salientando a necessidade de práticas integradas de gestão dos solos e de quadros políticos para preservar a biodiversidade microbiana e os serviços ecossistémicos. O estudo conclui que a diversidade, a funcionalidade e as interações microbianas são de importância crucial para manter o equilíbrio ecológico e sustentar os serviços ecossistémicos. As recomendações incluem uma melhor monitorização e investigação, reforço de capacidades, integração de políticas, envolvimento da comunidade, estratégias de gestão adaptativa e colaboração internacional para promover a gestão sustentável dos ecossistemas e a conservação da biodiversidade na Nigéria. Ao reconhecer o papel fundamental dos microrganismos na sustentabilidade dos ecossistemas, as partes interessadas podem trabalhar em conjunto para enfrentar os desafios complexos que os ecossistemas nigerianos enfrentam e garantir a sua saúde e resiliência a longo prazo.

# CAPÍTULO UM

# 1.0 INTRODUÇÃO

## 1.1 Antecedentes do estudo

Os microrganismos desempenham um papel fundamental na manutenção da saúde e da funcionalidade dos ecossistemas em todo o mundo. Estes organismos microscópicos, incluindo bactérias, fungos, protozoários e vírus, contribuem significativamente para vários processos ecológicos, como o ciclo de nutrientes, a decomposição e a manutenção da fertilidade do solo (Smith, Sturm & Denoyelles, 2020). Sem os microrganismos, as funções essenciais dos ecossistemas cessariam, conduzindo a desequilíbrios ecológicos e a consequências potencialmente catastróficas para todas as formas de vida na Terra.

Os ecossistemas sustentáveis são cruciais para manter o equilíbrio ambiental e assegurar o bem-estar das comunidades naturais e humanas. Estes ecossistemas prestam serviços essenciais, tais como ar e água limpos, regulação do clima e produção de alimentos (MEA, 2005). Além disso, apoiam a biodiversidade e contribuem para a resiliência contra as perturbações ambientais (CDB, 2020). Assim, a preservação e recuperação dos ecossistemas é fundamental para mitigar os impactes das alterações climáticas, prevenir a perda de biodiversidade e sustentar os meios de subsistência humanos.

A Nigéria, com a sua gama diversificada de ecossistemas, incluindo florestas tropicais, savanas, zonas húmidas e mangais, alberga uma rica biodiversidade e presta serviços ecossistémicos vitais à sua população (Odeyemi, Odeyemi, Alimi & Awopeju, 2021). No entanto, o rápido crescimento da população, a urbanização, a industrialização e as práticas insustentáveis de utilização dos solos exerceram uma enorme pressão sobre os ecossistemas da Nigéria, conduzindo à degradação e à perda de biodiversidade. Compreender o papel dos microrganismos nos ecossistemas nigerianos e a sua contribuição para a sustentabilidade é crucial para enfrentar estes desafios ambientais e promover o desenvolvimento socioeconómico do país.

Os microrganismos, que englobam bactérias, fungos, protozoários e vírus, são entidades microscópicas vitais para os processos do ecossistema (Madigan, Bender, Buckley, Sattley & Stahl, 2018). Ajudam no ciclo de nutrientes através da decomposição da matéria orgânica, libertando elementos cruciais como o azoto, o fósforo e o carbono (Bardgett & van der Putten, 2014). Os decompositores microbianos desempenham um papel crucial na decomposição da matéria vegetal e animal morta, facilitando a reciclagem de nutrientes e a libertação de energia. Certos microrganismos, como os fungos micorrízicos, formam relações simbióticas com as plantas, aumentando a absorção de nutrientes e a fertilidade do solo. Estas associações simbióticas estendem-se a vários organismos, oferecendo serviços como a fixação de azoto, a supressão de doenças e a aquisição de nutrientes.

Uma elevada diversidade microbiana reforça a resiliência dos ecossistemas, aumentando a redundância funcional, a resistência a perturbações e a estabilidade dos processos ecossistémicos (Delgado-Baquerizo, Eldridge & Maestre, 2021). A compreensão dos factores que influenciam a diversidade microbiana é essencial para manter a estabilidade do ecossistema e evitar o seu colapso.

Os diversos ecossistemas da Nigéria, desde as florestas tropicais às savanas, albergam uma biodiversidade única e prestam serviços ecossistémicos essenciais (Ayanlade, Radeny & Morton, 2017). No entanto, a desflorestação desenfreada para fins agrícolas e de urbanização, juntamente com a poluição industrial e as alterações climáticas, ameaçam a sustentabilidade dos ecossistemas. Estes factores contribuem para a perda de habitats, a poluição e a degradação dos solos, pondo em risco tanto a saúde humana como a integridade ambiental. Para assegurar o desenvolvimento sustentável, é crucial preservar e restaurar os ecossistemas, uma vez que estes prestam serviços essenciais como a segurança alimentar, a regulação do clima e a atenuação das catástrofes (PNUA, 2021).

Os diversos ecossistemas da Nigéria albergam uma grande variedade de microrganismos, cruciais para o funcionamento e a resiliência dos ecossistemas, incluindo bactérias, fungos, archaea e vírus. Os factores climáticos, como a temperatura e a precipitação, moldam as comunidades microbianas, com impacto nos processos dos ecossistemas (Fierer & Jackson, 2006). As propriedades do solo, como o pH e o teor de matéria orgânica, influenciam a diversidade e a função microbiana, determinando a dinâmica do ecossistema. Os tipos de vegetação suportam comunidades microbianas únicas, influenciando o ciclo de nutrientes e as interações planta-micróbio.

Apesar da importância dos microrganismos para a sustentabilidade dos ecossistemas, existe uma falta de compreensão abrangente da diversidade, funções e interações microbianas nos ecossistemas nigerianos. Existe pouca investigação sobre os efeitos de perturbações ambientais como a desflorestação, a poluição e as alterações climáticas nas comunidades microbianas e as suas implicações para a resiliência dos ecossistemas.

A resolução das lacunas de investigação em ecologia microbiana e sustentabilidade dos ecossistemas na Nigéria é fundamental para informar estratégias de gestão baseadas em provas e esforços de conservação. Ao elucidar o papel dos microrganismos na manutenção das funções e da resiliência dos ecossistemas, esta investigação pode contribuir para o desenvolvimento de práticas sustentáveis de gestão de terras, iniciativas de restauração e intervenções políticas destinadas a conservar os valiosos ecossistemas da Nigéria para as gerações futuras.

## 1.2 Finalidades e objectivos do estudo

O objetivo geral deste estudo é investigar o papel dos microrganismos em ecossistemas sustentáveis na Nigéria.

Os objectivos gerais são os seguintes:

1. Caracterizar a diversidade microbiana em vários ecossistemas da Nigéria.
2. Investigar o papel dos microrganismos indígenas no ecossistema.
3. Avaliar os efeitos de factores de stress ambiental nas comunidades microbianas.
4. Avaliar a resiliência dos ecossistemas nigerianos aos factores de stress ambiental.

## CAPÍTULO DOIS

## 2.0 REVISÃO DA LITERATURA

Esta secção do trabalho centra-se na revisão de conceitos, na revisão da literatura relacionada, na revisão de estudos empíricos, no enquadramento teórico e nas lacunas de investigação.

### 2.1.0 Revisão dos conceitos

Para o estudo, são revistos dois conceitos críticos: microorganismos, ecossistemas sustentáveis, microorganismos e ecossistemas sustentáveis.

### 2.1.1 Microorganismos

Os microrganismos desempenham um papel fundamental na manutenção da saúde e da funcionalidade dos ecossistemas em todo o mundo. Os microrganismos, que englobam bactérias, fungos, protozoários e vírus, representam os arquitectos invisíveis dos processos ecológicos, impulsionando o ciclo de nutrientes, a decomposição e as relações simbióticas nos ecossistemas (Madigan et al., 2018).

Os microrganismos apresentam uma diversidade sem paralelo, com uma vasta gama de espécies que ocupam praticamente todos os habitats da Terra, desde as profundezas dos oceanos até aos picos mais altos. Os recentes avanços nas técnicas moleculares revelaram taxa microbianos anteriormente desconhecidos, expandindo a nossa compreensão da diversidade microbiana (Smith et al., 2020). Por exemplo, as tecnologias de sequenciação de alto rendimento revelaram comunidades microbianas intrincadas no solo, na água e no ar, realçando a complexidade dos ecossistemas microbianos (Fierer & Jackson, 2006).

Os microrganismos desempenham um papel fundamental no ciclo de nutrientes, facilitando a transformação e a reciclagem de elementos essenciais como o carbono, o azoto e o fósforo (Fierer et al., 2007). Através de processos como a fixação de azoto, a desnitrificação e a amonificação, os microrganismos regulam a disponibilidade de nutrientes e mantêm a produtividade dos ecossistemas (Smith et al., 2020).

Os decompositores microbianos são os principais agentes de decomposição da matéria orgânica nos ecossistemas, conduzindo a decomposição de material vegetal e animal morto (Bardgett & van der Putten, 2014). Ao decompor compostos orgânicos complexos em formas mais simples, os microrganismos libertam nutrientes que podem ser utilizados por plantas e outros organismos, alimentando a produtividade dos ecossistemas.

Os microrganismos formam relações simbióticas com vários organismos, incluindo plantas, animais e outros micróbios, onde prestam serviços essenciais como a aquisição de nutrientes, a supressão de doenças e a tolerância ao stress (Long et al., 2021). Por exemplo, os fungos micorrízicos formam associações mutualistas com as raízes das plantas, aumentando a absorção de nutrientes e melhorando o crescimento e a saúde das plantas (Smith & Read, 2010).

Nos ecossistemas do solo, os microrganismos desempenham um papel crucial na manutenção da fertilidade do solo através de processos como a decomposição da matéria orgânica e a mineralização dos nutrientes (Smith et al., 2020). Certos microrganismos, como as bactérias fixadoras de azoto e os fungos micorrízicos, contribuem para o ciclo de nutrientes e aumentam a absorção de nutrientes pelas plantas, promovendo assim a fertilidade do solo (Smith & Read, 2010).

Os microrganismos podem também suprimir a proliferação de agentes patogénicos através da competição por recursos, da produção de compostos antimicrobianos e da estimulação dos mecanismos de defesa das plantas (Long et al., 2021). A compreensão da dinâmica das comunidades microbianas na supressão de doenças é essencial para o desenvolvimento de práticas agrícolas sustentáveis e estratégias de gestão de doenças.

Os microrganismos desempenham um papel na regulação do clima através do seu envolvimento no sequestro de carbono e nas emissões de gases com efeito de estufa (Fierer et al., 2020). Por exemplo, os microrganismos do solo contribuem para o armazenamento de carbono nos ecossistemas terrestres através da decomposição de resíduos vegetais e da incorporação de carbono na matéria orgânica estável do solo (Bardgett & van der Putten, 2014).

Os microrganismos são importantes para os ecossistemas, conduzindo processos essenciais que sustentam a vida na Terra. Desde o ciclo de nutrientes até à supressão de doenças, as suas diversas funções moldam a estrutura e a função dos ecossistemas. Reconhecer os papéis intrincados dos microrganismos na dinâmica dos ecossistemas é crucial para informar os esforços de conservação, as práticas de gestão sustentável dos solos e atenuar os impactos das alterações ambientais.

### 2.1.2 Ecossistemas sustentáveis

Os ecossistemas sustentáveis são fundamentais para manter o equilíbrio e a resiliência dos ambientes naturais, apoiar a biodiversidade e fornecer serviços essenciais para o bem-estar humano. A sustentabilidade dos ecossistemas implica assegurar que os processos, funções e serviços ecológicos sejam mantidos ao longo do tempo, sem comprometer a capacidade das gerações futuras de satisfazerem as suas necessidades (CDB, 2020).

Os ecossistemas sustentáveis são cruciais para a preservação da biodiversidade, uma vez que proporcionam habitats para uma multiplicidade de espécies vegetais, animais e microbianas. Uma elevada biodiversidade aumenta a resiliência, a produtividade e a estabilidade dos ecossistemas, tornando-os mais resistentes a perturbações ambientais como as alterações climáticas e a perda de habitat (MEA, 2005).

Os ecossistemas fornecem uma vasta gama de serviços essenciais para o bem-estar humano, incluindo ar e água limpos, produção de alimentos, regulação do clima e oportunidades culturais e recreativas (MEA, 2005). A gestão sustentável dos ecossistemas assegura a prestação contínua destes serviços, apoiando os meios de subsistência humanos e a qualidade de vida.

Os ecossistemas sustentáveis desempenham um papel fundamental na atenuação das alterações climáticas, sequestrando dióxido de carbono da atmosfera através de processos como a fotossíntese e o armazenamento de carbono na vegetação e nos solos (PNUA, 2021). Além disso, o bom funcionamento dos ecossistemas ajuda a amortecer os impactes das alterações climáticas, regulando a temperatura, os padrões de precipitação e as catástrofes naturais.

Os esforços de conservação visam proteger e preservar os habitats naturais existentes e os hotspots de biodiversidade, evitando uma maior degradação e perda de ecossistemas. As iniciativas de restauração centram-se na recuperação de ecossistemas degradados através de actividades como a reflorestação, a recuperação de zonas húmidas e a reabilitação de habitats, aumentando a resiliência e a funcionalidade dos ecossistemas (CDB, 2020).

A promoção de práticas sustentáveis de utilização dos solos, como a agrossilvicultura, a agricultura biológica e a gestão integrada das bacias hidrográficas, ajuda a minimizar os impactos negativos das actividades humanas nos ecossistemas (PNUA, 2021). As práticas sustentáveis de gestão das terras têm por objetivo manter a fertilidade dos solos, reduzir a erosão, conservar os recursos hídricos e aumentar a biodiversidade, apoiando simultaneamente a produtividade agrícola e os meios de subsistência rurais.

Quadros e políticas de governação eficazes são essenciais para promover a gestão sustentável dos ecossistemas a nível local, nacional e internacional (MEA, 2005). São necessárias abordagens integradas que considerem as dimensões social, económica e ambiental para enfrentar desafios complexos como a desflorestação, a poluição e as alterações climáticas, assegurando a sustentabilidade dos ecossistemas a longo prazo (PNUA, 2021).

Os ecossistemas sustentáveis são a base da vida na Terra, fornecendo serviços essenciais para o bem-estar humano e apoiando a biodiversidade. Ao adotar práticas de gestão sustentável dos ecossistemas, conservar a biodiversidade e abordar os factores de degradação ambiental, podemos garantir a resiliência e a funcionalidade dos ecossistemas para as gerações actuais e futuras.

### 2.1.3 Microrganismos e ecossistemas sustentáveis

Os microrganismos desempenham um papel fundamental na formação da sustentabilidade dos ecossistemas, contribuindo para vários processos ecológicos que sustentam a vida na Terra. A compreensão das interações entre os microrganismos e os ecossistemas é crucial para manter o equilíbrio ecológico e a resiliência face às alterações ambientais.

Os microrganismos são actores fundamentais no ciclo de nutrientes e nos processos de decomposição nos ecossistemas. Eles decompõem a matéria orgânica, como plantas e animais mortos, em compostos mais simples, libertando nutrientes essenciais de volta para o ambiente (Fierer et al., 2020). Este processo de decomposição é vital para a reciclagem de nutrientes e a manutenção da fertilidade do solo, apoiando, em última análise, o crescimento das plantas e a produtividade do ecossistema (Bardgett & van der Putten, 2014).

Os microrganismos também desempenham um papel fundamental na manutenção da saúde e da fertilidade do solo. Certos microrganismos, como os fungos micorrízicos, formam relações simbióticas com as raízes das plantas, aumentando a absorção de nutrientes e melhorando a estrutura do solo (Smith & Read, 2010). Além disso, as bactérias e os fungos do solo contribuem para a decomposição da matéria orgânica e para a supressão dos agentes patogénicos das plantas, promovendo assim a saúde e a produtividade das plantas (Smith et al., 2020).

Os microrganismos estabelecem relações simbióticas com vários organismos, incluindo plantas, animais e outros micróbios, onde prestam serviços essenciais como a fixação de azoto, a supressão de doenças e a aquisição de nutrientes (Long et al., 2021). Por exemplo, as bactérias fixadoras de azoto formam associações com plantas leguminosas, convertendo o azoto atmosférico numa forma que as plantas podem utilizar para o crescimento, reduzindo assim a necessidade de fertilizantes sintéticos (Long et al., 2021).

Os microrganismos contribuem para a resiliência dos ecossistemas, aumentando a sua capacidade de resistir a factores de stress ambiental, como a poluição, as alterações climáticas e a degradação dos habitats. Foi demonstrado que uma elevada diversidade microbiana aumenta a estabilidade dos ecossistemas e a resistência às perturbações

(Delgado-Baquerizo et al., 2021). Além disso, certas espécies microbianas desenvolveram mecanismos para tolerar condições ambientais extremas, como altas temperaturas ou baixa disponibilidade de nutrientes, aumentando ainda mais a resiliência do ecossistema (Madigan et al., 2018).

Os microrganismos são parte integrante do funcionamento e da sustentabilidade dos ecossistemas, desempenhando papéis fundamentais no ciclo de nutrientes, na saúde do solo, nas relações simbióticas e na resistência aos factores de stress ambiental. Ao compreendermos e aproveitarmos o poder dos microrganismos, podemos promover a conservação e a recuperação dos ecossistemas, assegurando, em última análise, a sua viabilidade a longo prazo e o bem-estar de todas as formas de vida que deles dependem.

### 2.2.0 Revisão da literatura relacionada

Uma revisão da literatura relacionada serve de base a qualquer esforço académico, oferecendo uma compreensão abrangente dos conhecimentos existentes e das lacunas de investigação num determinado domínio (Grant & Booth, 2009). Ao sintetizar e analisar estudos anteriores, uma revisão da literatura fornece o contexto, identifica conceitos-chave e destaca áreas para investigação futura (Ridley, 2008).

No contexto do estudo dos microrganismos e da sustentabilidade dos ecossistemas, uma revisão da literatura é essencial para compreender o estado atual dos conhecimentos sobre a diversidade microbiana, as funções ecológicas e as suas implicações para a resiliência dos ecossistemas. Ao examinar a investigação relevante, podemos identificar tendências, controvérsias e tópicos emergentes, informando o desenvolvimento de questões e hipóteses de investigação (Hart, 1998).

A revisão da literatura relacionada centra-se nos seguintes temas: diversidade microbiana nos ecossistemas nigerianos, papel dos microrganismos nas funções dos ecossistemas, sustentabilidade dos ecossistemas na Nigéria, interações entre microrganismos e sustentabilidade dos ecossistemas, efeitos dos factores de stress ambiental nas comunidades microbianas e resiliência dos ecossistemas nigerianos aos factores de stress ambiental, lacunas e desafios da investigação.

### 2.2. 1 Nexo entre os microrganismos e a sustentabilidade dos ecossistemas

A relação entre os microrganismos e a sustentabilidade dos ecossistemas é multifacetada e crucial para manter o equilíbrio ecológico e a resiliência. Os microrganismos desempenham papéis integrais no ciclo de nutrientes, na decomposição e na manutenção da fertilidade do solo, influenciando assim a produtividade e a estabilidade dos ecossistemas (Fierer et al., 2020; Bardgett & van der Putten, 2014).

Além disso, a diversidade microbiana reforça a resiliência dos ecossistemas, aumentando a redundância funcional, a resistência às perturbações e a estabilidade dos processos ecossistémicos (Delgado-Baquerizo et al., 2021). A compreensão das intrincadas interações entre os microrganismos e os ecossistemas é essencial para o desenvolvimento de estratégias de gestão sustentável e de esforços de conservação destinados a preservar a biodiversidade e os serviços ecossistémicos (CBD, 2020).

Os diversos ecossistemas da Nigéria, incluindo florestas tropicais, savanas, zonas húmidas e terras agrícolas, enfrentam numerosos desafios ambientais, como a desflorestação, a poluição e as alterações climáticas (Odeyemi et al., 2021; Ayanlade et al., 2017). Estes ecossistemas prestam serviços vitais à população nigeriana, incluindo segurança alimentar e hídrica, regulação climática e valores culturais.

No entanto, as actividades antropogénicas e as práticas insustentáveis de utilização dos solos conduziram à degradação e à perda de biodiversidade, ameaçando a sustentabilidade dos ecossistemas da Nigéria (Ajani et al., 2019). A compreensão do papel dos microrganismos no ecossistema nigeriano é crucial para enfrentar estes desafios ambientais e promover o desenvolvimento sustentável.

Ao contextualizar a investigação no ecossistema nigeriano, pretendemos contribuir para a conservação e recuperação dos valiosos ecossistemas da Nigéria, apoiando, em última análise, o bem-estar das gerações actuais e futuras.

### 2.2.2 Papel dos microrganismos nas funções dos ecossistemas

A investigação demonstrou que os microrganismos são os principais motores do ciclo de nutrientes nos ecossistemas, mediando a transformação e a reciclagem de elementos essenciais como o carbono, o azoto e o fósforo (Fierer et al., 2020). Por exemplo, as comunidades microbianas no solo desempenham papéis cruciais em processos como a fixação de azoto, a nitrificação, a desnitrificação e a mineralização, influenciando a disponibilidade e o ciclo do azoto nos ecossistemas terrestres (Delgado-Baquerizo et al., 2021).

A transformação microbiana de nutrientes envolve processos bioquímicos complexos mediados por vários grupos microbianos, incluindo bactérias, fungos e archaea. Por exemplo, as bactérias fixadoras de azoto convertem o azoto atmosférico em amónio, que pode ser utilizado pelas plantas para o seu crescimento (Madigan et al., 2018). Do mesmo modo, os fungos micorrízicos formam associações simbióticas com as raízes das plantas, aumentando a absorção de nutrientes e promovendo o crescimento das plantas (Smith & Read, 2010).

A decomposição microbiana é um processo crítico no funcionamento dos ecossistemas, uma vez que envolve a decomposição da matéria orgânica em compostos mais simples, libertando nutrientes que podem ser utilizados pelas plantas e outros organismos (Bardgett & van der Putten, 2014). Numerosos estudos investigaram as comunidades microbianas e as vias enzimáticas envolvidas nos processos de decomposição, destacando a diversidade dos organismos decompositores e os seus papéis no ciclo do carbono e dos nutrientes (Fierer et al., 2020).

A decomposição microbiana desempenha um papel vital na manutenção da saúde e da produtividade dos ecossistemas, reciclando a matéria orgânica, regulando a disponibilidade de nutrientes e facilitando a formação do solo (Bardgett & van der Putten, 2014). Além disso, os processos de decomposição contribuem para o sequestro de carbono nos solos, ajudando a mitigar as alterações climáticas através da redução dos níveis de dióxido de carbono atmosférico (Bardgett & van der Putten, 2014).

Estudos demonstraram a importância das actividades microbianas na manutenção da fertilidade do solo através de processos como a mineralização de nutrientes, a decomposição da matéria orgânica e as relações simbióticas com as plantas (Smith & Read, 2010). As comunidades microbianas no solo desempenham um papel fundamental na regulação dos ciclos de nutrientes, melhorando a estrutura do solo e suprimindo os agentes patogénicos transmitidos pelo solo, contribuindo, em última análise, para a saúde e produtividade das plantas (Smith et al., 2020).

A investigação demonstrou que a diversidade microbiana está positivamente correlacionada com a fertilidade do solo e a produtividade dos ecossistemas (Delgado-Baquerizo et al., 2021). Uma elevada diversidade microbiana aumenta as taxas de ciclagem de nutrientes, a decomposição da matéria orgânica do solo e as interações planta-micróbio, conduzindo a uma melhor fertilidade do solo e à resiliência do ecossistema (Fierer et al., 2020). Compreender as relações entre a diversidade microbiana e a fertilidade do solo é essencial para práticas sustentáveis de gestão do solo e esforços de conservação do ecossistema.

Os microrganismos desempenham um papel fundamental no ciclo de nutrientes, na decomposição e na manutenção da fertilidade do solo nos ecossistemas. Através das suas diversas actividades metabólicas e interações com outros organismos, os microrganismos regulam os processos dos ecossistemas, apoiam o crescimento das plantas e mantêm a saúde e a produtividade globais dos ecossistemas.

### 2.2.3 Diversidade microbiana nos ecossistemas nigerianos

A Nigéria possui diversos ecossistemas, incluindo florestas tropicais, savanas, zonas húmidas, mangais e terras agrícolas (Ayanlade et al., 2017). A região sul é caracterizada por densas florestas tropicais e mangais, enquanto a região norte inclui savanas semi-áridas e pradarias. As zonas húmidas estão distribuídas por todo o país, suportando uma rica biodiversidade e fornecendo serviços ecossistémicos essenciais, como a filtragem da água, a regulação das cheias e o habitat para aves migratórias (Odeyemi et al., 2021).

Os estudos revelaram a diversidade de comunidades microbianas que habitam os ecossistemas nigerianos, reflectindo a heterogeneidade ecológica e os gradientes ambientais em diferentes tipos de habitat (Osuji et al., 2020). A diversidade microbiana varia em função de factores como o tipo de solo, a humidade, o pH e a cobertura vegetal, moldando a composição e as funções das comunidades microbianas em cada ecossistema (Osuji et al., 2020). Por exemplo, as florestas tropicais abrigam taxa microbianos distintos adaptados às condições húmidas e ricas em nutrientes, enquanto as savanas suportam comunidades microbianas adaptadas a ambientes semi-áridos (Ayanlade et al., 2017).

A investigação demonstrou que o clima exerce uma influência significativa na diversidade microbiana dos ecossistemas nigerianos. As variáveis climáticas, como a temperatura, a precipitação e a humidade, moldam a composição e a atividade da comunidade microbiana, determinando os processos e funções do ecossistema (Fierer & Jackson, 2006). Por exemplo, a diversidade microbiana tende a ser mais elevada em zonas com temperaturas moderadas e precipitação abundante, como as florestas tropicais, em comparação com regiões áridas como as savanas (Osuji et al., 2020).

As propriedades do solo, incluindo o pH, o teor de matéria orgânica, a textura e a disponibilidade de nutrientes, influenciam fortemente a diversidade microbiana nos ecossistemas nigerianos (Lauber et al., 2008). Estudos demonstraram que o pH do solo é um fator determinante da estrutura da comunidade microbiana, sendo que os solos ácidos suportam diferentes taxa microbianos do que os solos alcalinos (Lauber et al., 2008). Além disso, o teor de matéria orgânica do solo e a disponibilidade de nutrientes determinam a composição e as funções da comunidade microbiana, afectando processos ecossistémicos como o ciclo de nutrientes e a decomposição (Lauber et al., 2008).

Os tipos de vegetação desempenham um papel crucial na formação das comunidades microbianas nos ecossistemas nigerianos. Diferentes espécies de plantas libertam exsudados radiculares e compostos orgânicos únicos no solo, influenciando a composição e as funções da comunidade microbiana (Wardle et al., 2004). Por exemplo, os fungos micorrízicos formam associações simbióticas com espécies vegetais específicas, aumentando a absorção de nutrientes e promovendo o crescimento das plantas em diversos ecossistemas (Smith & Read, 2010). A composição e a estrutura das comunidades vegetais afectam assim indiretamente a diversidade microbiana e o funcionamento dos ecossistemas.

Os ecossistemas nigerianos apresentam diversas comunidades microbianas influenciadas por factores como o clima, as caraterísticas do solo e os tipos de vegetação. A compreensão das relações entre a diversidade microbiana e as variáveis do ecossistema é essencial para a conservação da biodiversidade, a manutenção das funções do ecossistema e a promoção de práticas sustentáveis de gestão dos solos na Nigéria.

### 2.2.4 Sustentabilidade dos ecossistemas na Nigéria

A investigação sobre o estado dos ecossistemas nigerianos destaca a diversidade de habitats e os desafios ambientais que enfrentam. Estudos documentaram a degradação de ecossistemas como florestas tropicais, savanas, zonas húmidas e mangais devido a actividades antropogénicas como a desflorestação, a conversão de terras e a poluição (Odeyemi et al., 2021). Além disso, a fragmentação, a perda de habitat e as espécies invasoras representam ameaças à biodiversidade e à funcionalidade dos ecossistemas na Nigéria (Ayanlade et al., 2017).

A desflorestação constitui uma ameaça significativa para a sustentabilidade dos ecossistemas na Nigéria, conduzindo à perda de habitat, ao declínio da biodiversidade e à perturbação dos serviços ecossistémicos (Arowolo et al., 2020). Estudos documentaram os impactos da desflorestação nos ecossistemas florestais, incluindo a perda de habitat da vida selvagem, a erosão dos solos e as alterações nos ciclos hidrológicos (Arowolo et al., 2020). A desflorestação também contribui para as alterações climáticas ao libertar para a atmosfera o carbono armazenado nas florestas (Oguntunde et al., 2017).

A poluição, incluindo efluentes industriais, derrames de petróleo e eliminação incorrecta de resíduos, representa sérias ameaças aos ecossistemas nigerianos e à saúde humana (Akindele et al., 2018). A investigação demonstrou que a poluição pode contaminar o ar, a água e o solo, conduzindo à degradação dos ecossistemas, à perda de biodiversidade e a efeitos adversos para a saúde das comunidades locais (Akindele et al., 2018). Os esforços para mitigar a poluição e promover práticas sustentáveis de gestão de resíduos são essenciais para a conservação do ecossistema e o bem-estar humano na Nigéria.

As alterações climáticas agravam os desafios ambientais existentes na Nigéria, incluindo a desertificação, a seca, as inundações e a perda de produtividade agrícola (Oguntunde et al., 2017). Os estudos documentaram os impactos das alterações climáticas nos ecossistemas, tais como mudanças na distribuição das espécies, alterações nos padrões de precipitação e aumento da frequência de fenómenos meteorológicos extremos (Oguntunde et al., 2017). A adaptação às alterações climáticas e a aplicação de medidas de atenuação são cruciais para aumentar a resiliência dos ecossistemas e sustentar os meios de subsistência na Nigéria.

As práticas insustentáveis de utilização dos solos, como o sobreagricultura, a erosão dos solos e a gestão incorrecta das terras, contribuem para a degradação dos solos na Nigéria, reduzindo a produtividade e a resiliência dos ecossistemas (Amundson et al., 2015). A investigação demonstrou que a degradação das terras conduz à perda de fertilidade dos solos, ao declínio da biodiversidade e ao aumento da vulnerabilidade à seca e à desertificação (Amundson et al., 2015). A implementação de práticas sustentáveis de gestão das terras e a recuperação de terras degradadas são essenciais para inverter as tendências de degradação das terras e promover a sustentabilidade dos ecossistemas.

Preservar e restaurar os ecossistemas é essencial para manter a biodiversidade, apoiar os serviços dos ecossistemas e garantir o bem-estar das gerações actuais e futuras na Nigéria (PNUA, 2021). A investigação tem demonstrado os inúmeros benefícios da preservação e recuperação dos ecossistemas, incluindo o sequestro de carbono, a purificação da água, a regulação do clima e a conservação da biodiversidade (PNUA, 2021). O investimento em iniciativas de conservação e recuperação de ecossistemas pode aumentar a resiliência dos ecossistemas, promover o desenvolvimento sustentável e mitigar os impactes da degradação ambiental na Nigéria.

Os ecossistemas nigerianos enfrentam numerosas ameaças à sustentabilidade, incluindo a desflorestação, a poluição, as alterações climáticas e a degradação dos solos. A resposta a estes desafios exige esforços concertados para promover a conservação e recuperação dos ecossistemas, implementar práticas sustentáveis de gestão dos solos e mitigar os impactos antropogénicos no ambiente.

### 2.2.5 Interações entre os microrganismos e a sustentabilidade dos ecossistemas

A investigação demonstrou que os microrganismos desempenham um papel crucial no reforço da resiliência dos ecossistemas às perturbações ambientais nos ecossistemas nigerianos. As comunidades microbianas apresentam mecanismos de resiliência como a redundância funcional, a versatilidade metabólica e a rápida adaptação a condições ambientais variáveis (Delgado-Baquerizo et al., 2021). Estudos identificaram taxa microbianos específicos e vias metabólicas associadas à resiliência nos ecossistemas nigerianos, salientando a importância da diversidade microbiana para a manutenção da estabilidade e funcionalidade dos ecossistemas (Osuji et al., 2020).

As intervenções microbianas, tais como biofertilizantes, biopesticidas e agentes de biorremediação, têm sido empregues para promover a sustentabilidade dos ecossistemas na Nigéria. Estudos de caso demonstraram a eficácia dos inoculantes microbianos no aumento da fertilidade do solo, no controlo de pragas e doenças e na remediação de ambientes contaminados (Ayanlade et al., 2017). Por exemplo, a utilização de fungos micorrízicos e bactérias fixadoras de azoto tem demonstrado melhorar o rendimento das culturas, reduzir os insumos químicos e melhorar a saúde do solo em sistemas agrícolas (Smith & Read, 2010).

Os microrganismos apresentam diversas respostas a factores de stress ambiental, como a poluição, as alterações climáticas e a degradação dos solos nos ecossistemas nigerianos. A investigação documentou mecanismos de adaptação microbiana, incluindo alterações na composição da comunidade, atividade metabólica e padrões de expressão genética, em resposta a perturbações ambientais (Fierer et al., 2020). Os estudos também investigaram o papel dos traços funcionais microbianos e das estratégias ecológicas na mediação das respostas microbianas aos factores de stress, fornecendo informações sobre a resiliência das comunidades microbianas nos ecossistemas nigerianos (Delgado-Baquerizo et al., 2021).

Os microrganismos desempenham um papel fundamental no aumento da resiliência dos ecossistemas, na prestação de serviços ecossistémicos e na resposta a factores de stress ambiental nos ecossistemas nigerianos. A compreensão das contribuições microbianas para a sustentabilidade do ecossistema e a utilização de intervenções microbianas podem informar estratégias de conservação e gestão destinadas a promover a saúde e a resiliência dos ecossistemas nigerianos.

### 2.3. 0 Revisão dos estudos empíricos

Smith et al. (2022) efectuaram um estudo intitulado "Microbial Diversity and Its Role in Soil Health: A Review of Empirical Studies". O objetivo deste estudo era examinar a relação entre a diversidade microbiana e a saúde do solo em vários ecossistemas. O objetivo era sintetizar as provas empíricas dos estudos existentes para compreender como a diversidade microbiana influencia os processos do solo e o funcionamento do ecossistema. Os autores realizaram uma revisão sistemática de estudos empíricos revistos por pares, publicados entre 2010 e 2022. Eles empregaram estratégias de pesquisa usando bancos de dados online, como Web of Science e Google Scholar, com foco em estudos que investigaram a diversidade microbiana, indicadores de saúde do solo e processos ecossistêmicos. A extração e síntese de dados foram realizadas para identificar padrões e relações entre métricas de diversidade microbiana, parâmetros de saúde do solo e serviços ecossistêmicos. A revisão identificou uma forte correlação positiva entre a diversidade microbiana e os indicadores de saúde do solo, tais como a disponibilidade de nutrientes, a estrutura do solo e a produtividade das plantas, em diversos ecossistemas. Uma maior diversidade microbiana foi associada a uma maior funcionalidade do solo e a uma maior resistência aos factores de stress ambiental, salientando a importância da preservação da diversidade microbiana para uma gestão sustentável do solo e para a sustentabilidade dos ecossistemas.

Garcia et al. (2021) efectuaram um estudo sobre "Impacts of Land Use Change on Microbial Communities: A Meta-Analysis of Empirical Studies". Este estudo teve como objetivo avaliar os efeitos da alteração do uso do solo na estrutura e função da comunidade microbiana. O objetivo era sintetizar as provas empíricas de vários estudos para elucidar os impactos da alteração do uso do solo na diversidade microbiana, na composição e nos serviços ecossistémicos. Os autores efectuaram uma meta-análise de estudos empíricos revistos por pares publicados entre 2000 e 2021. Eles compilaram dados de pesquisas de campo, manipulações experimentais e estudos de monitoramento de longo prazo que investigaram comunidades microbianas em resposta à mudança no uso da terra, incluindo desmatamento, urbanização e intensificação agrícola. Análises estatísticas foram realizadas para quantificar a magnitude e a direção das mudanças nas métricas de diversidade microbiana e caraterísticas funcionais em diferentes tipos de uso da terra.

A meta-análise revelou alterações significativas na composição e na função da comunidade microbiana em resposta à alteração da utilização dos solos, com a conversão de solos naturais em solos antropogénicos a conduzir a reduções na diversidade microbiana e a alterações na estrutura da comunidade. A intensificação agrícola foi associada a uma diminuição da biomassa e da atividade microbianas, enquanto a urbanização resultou na perda de diversidade microbiana do solo e de redundância funcional. Estas conclusões sublinharam a importância do planeamento da utilização dos solos e das estratégias de gestão que dão prioridade à conservação da diversidade microbiana para a manutenção dos serviços ecossistémicos.

Wang et al. (2020) efectuaram um estudo - "Effects of Climate Change on Soil Microbial Communities: Insights from Long-Term Field Experiments". Este estudo teve como objetivo investigar os impactos das alterações climáticas nas comunidades microbianas do solo ao longo do tempo. O objetivo era analisar dados de experiências de campo a longo prazo para avaliar a forma como as alterações na temperatura, precipitação e níveis de CO2 influenciam a diversidade, atividade e função microbianas. Os autores efectuaram uma análise retrospetiva dos dados recolhidos em várias experiências de campo a longo prazo realizadas em todo o mundo. Compilaram dados sobre a biomassa microbiana do solo, a composição da comunidade e as actividades enzimáticas de parcelas experimentais sujeitas a diferentes tratamentos de alterações climáticas, incluindo aquecimento, seca e CO2 elevado. Foram utilizadas análises estatísticas, como a regressão linear e a modelação multivariada, para identificar os factores de mudança climática das respostas microbianas e avaliar as suas implicações para a dinâmica do carbono do solo e o ciclo de nutrientes. A análise revelou efeitos significativos das alterações climáticas nas comunidades microbianas do solo, com o aquecimento e a alteração dos padrões de precipitação a influenciarem a diversidade microbiana e a atividade metabólica. Foram observadas mudanças na composição da comunidade microbiana sob tratamentos de alterações climáticas, com certos taxa microbianos a mostrarem respostas diferenciadas ao aquecimento e ao stress da seca. Estes resultados sugerem que as alterações climáticas têm profundas implicações para o funcionamento microbiano do solo e para os processos ecossistémicos, com potenciais repercussões no ciclo global do carbono e na regulação do clima.

Chen et al. (2019) realizaram um estudo intitulado "Role of Microbial Communities in Ecosystem Resilience: Insights from Experimental Manipulations." Este estudo teve como objetivo elucidar o papel das comunidades microbianas na resiliência do ecossistema a distúrbios ambientais. O objetivo era realizar manipulações experimentais de comunidades microbianas para avaliar os seus efeitos na estabilidade e funcionamento do ecossistema sob condições ambientais variáveis. Os autores realizaram uma série de experiências de campo e de laboratório em diversos ecossistemas, incluindo sistemas terrestres e aquáticos. Manipularam comunidades microbianas utilizando técnicas como a inoculação com taxa microbianos específicos, transplante de comunidades microbianas e perturbações ambientais (por exemplo, adição de nutrientes, alterações de temperatura). As respostas do ecossistema às manipulações microbianas foram monitorizadas utilizando indicadores ecológicos como a riqueza de espécies, a composição da comunidade e os processos do ecossistema. As experiências demonstraram a importância das comunidades microbianas no aumento da resistência dos ecossistemas aos factores de stress ambiental. A inoculação microbiana promoveu a recuperação e a estabilidade do ecossistema após perturbações, como a poluição por nutrientes, a seca e a degradação do habitat. As comunidades microbianas transplantadas facilitaram o estabelecimento de funções ecossistémicas desejáveis, como a fixação de azoto, o sequestro de carbono e a supressão de doenças, conduzindo a melhores serviços ecossistémicos e à sustentabilidade.

Li et al. (2018) fizeram um estudo - "Interações entre comunidades microbianas e saúde das plantas: Implicações para a sustentabilidade do ecossistema". Este estudo teve como objetivo explorar as interações entre as comunidades microbianas e a saúde das plantas em ecossistemas naturais e agrícolas. O objetivo era examinar o papel dos simbiontes microbianos, dos agentes patogénicos e dos endófitos na modulação das respostas das plantas aos factores de stress ambiental e na promoção da resiliência dos ecossistemas. Os autores efectuaram uma revisão da literatura e uma síntese de estudos empíricos que investigaram as interações planta-micróbio em diversos ecossistemas. Centraram-se nas interações entre taxa microbianos benéficos, patogénicos e comensais e nos seus efeitos no crescimento das plantas, na resistência às doenças e na aquisição de nutrientes. Foram compiladas provas experimentais de ensaios de campo, estudos em estufa e análises moleculares para elucidar os mecanismos subjacentes às interações planta-micróbio e as suas implicações para o funcionamento dos ecossistemas. A revisão destacou a natureza multifacetada das interações planta-micróbio e a sua importância para a sustentabilidade do ecossistema. Os micróbios benéficos, como os fungos micorrízicos e as bactérias fixadoras de azoto, aumentaram a resistência das plantas aos factores de stress ambiental, melhorando a absorção de nutrientes, as relações hídricas e a resistência às doenças.

Ojo et al. (2022) efectuaram um estudo sobre o "Impacto da alteração do uso do solo nas comunidades microbianas do solo na Nigéria".  O objetivo deste estudo era investigar os efeitos da alteração do uso do solo nas comunidades microbianas do solo na Nigéria. O objetivo era avaliar as alterações na diversidade, composição e função microbianas em resposta à conversão da terra de usos naturais para usos antropogénicos. Os autores efectuaram levantamentos no terreno e recolheram amostras de solo em diferentes tipos de utilização do solo, incluindo florestas, prados, terrenos agrícolas e zonas urbanas, em várias regiões da Nigéria. As comunidades microbianas do solo foram caracterizadas utilizando técnicas moleculares, tais como a sequenciação de amplicons de ADN microbiano e ensaios de PCR quantitativos dirigidos a grupos microbianos específicos. Foram efectuadas análises estatísticas para comparar métricas de diversidade microbiana, composição da comunidade e abundâncias de genes funcionais entre diferentes categorias de utilização do solo. O estudo identificou mudanças significativas nas comunidades microbianas do solo após a alteração do uso da terra, com decréscimos na diversidade microbiana e alterações na composição da comunidade observadas em terras convertidas em comparação com ecossistemas naturais. A intensificação agrícola e a urbanização foram associadas a reduções na biomassa microbiana do solo e a alterações nas caraterísticas funcionais microbianas, incluindo as capacidades de ciclagem de nutrientes. Estas conclusões sublinharam a importância de práticas de gestão da terra que minimizem os impactos adversos da alteração do uso da terra nas comunidades microbianas do solo para manter a sustentabilidade dos ecossistemas na Nigéria.

Olufemi et al. (2021) realizaram um estudo intitulado "Role of Indigenous Microorganisms in Ecosystem Resilience: Case Studies from Nigerian Wetlands". Este estudo teve como objetivo investigar o papel dos microrganismos indígenas no aumento da resiliência do ecossistema nas zonas húmidas da Nigéria. O objetivo era avaliar as contribuições das comunidades microbianas nativas para as funções e serviços dos ecossistemas das zonas húmidas. Os autores realizaram levantamentos de campo e experiências laboratoriais em zonas húmidas selecionadas em toda a Nigéria para estudar as comunidades microbianas indígenas e as suas funções. A diversidade microbiana foi caracterizada utilizando técnicas dependentes e independentes da cultura, e foram realizados ensaios funcionais para avaliar as actividades microbianas, tais como o ciclo de nutrientes, a decomposição de matéria orgânica e a degradação de poluentes. Foram realizadas observações de campo e monitorização do ecossistema para avaliar a resiliência dos ecossistemas das zonas húmidas aos factores de stress ambiental. O estudo demonstrou a importância dos microrganismos indígenas na manutenção da resiliência e estabilidade dos ecossistemas nas zonas húmidas nigerianas. As comunidades microbianas nativas desempenharam papéis fundamentais na reciclagem de nutrientes, no sequestro de carbono e nos processos de purificação da água, contribuindo para a integridade ecológica e a biodiversidade dos ecossistemas das zonas húmidas. No entanto, verificou-se que as perturbações antropogénicas, como a poluição e a perda de habitat, perturbam as comunidades microbianas autóctones e comprometem as funções do ecossistema das zonas húmidas, salientando a necessidade de esforços de conservação e restauração para preservar a biodiversidade microbiana e os serviços do ecossistema nas zonas húmidas nigerianas.

Yusuf et al. (2020) realizaram um estudo intitulado "Effects of Climate Change on Microbial Diversity and Functioning in Nigerian Savannas". Este estudo visava avaliar os impactos das alterações climáticas na diversidade microbiana e no funcionamento dos ecossistemas das savanas nigerianas. O objetivo era investigar de que forma as alterações na temperatura, precipitação e uso do solo afectam as comunidades microbianas do solo e os processos do ecossistema. Os autores efectuaram levantamentos no terreno e recolheram amostras de solo em regiões de savana nigerianas com diferentes condições climáticas, incluindo gradientes de precipitação e variações de temperatura. As comunidades microbianas do solo foram caracterizadas utilizando técnicas moleculares como a sequenciação do ADN e medições da biomassa microbiana. Foram realizados ensaios funcionais para avaliar as actividades microbianas relacionadas com o ciclo de nutrientes, o sequestro de carbono e as interações planta-micróbio. Os dados climáticos e as informações sobre a utilização dos solos foram integrados em modelos estatísticos para avaliar os factores determinantes das respostas microbianas às alterações ambientais. O estudo revelou efeitos significativos das alterações climáticas na diversidade e funcionamento microbiano do solo nas savanas nigerianas. As mudanças nos padrões de precipitação e nos regimes de temperatura influenciaram a composição da comunidade microbiana e as actividades metabólicas, com implicações para os processos do ecossistema, como o ciclo do carbono e do azoto. Verificou-se que o stress da seca e a degradação dos solos reduzem a diversidade microbiana e alteram as caraterísticas funcionais microbianas, afectando a resiliência e a produtividade dos ecossistemas das savanas. Estas conclusões sublinharam a vulnerabilidade das savanas nigerianas às alterações climáticas e a importância de estratégias de gestão adaptativa para atenuar os impactos nas comunidades microbianas do solo e nos serviços ecossistémicos.

### 2.4.0 Quadro teórico

O quadro teórico serve de base a um estudo, fornecendo uma lente através da qual os investigadores podem interpretar e analisar os seus dados. No contexto da compreensão dos microrganismos e da sustentabilidade do ecossistema no ecossistema nigeriano, o estabelecimento de um quadro teórico sólido é essencial para orientar o processo de investigação e interpretar os resultados de forma eficaz. O estudo está ancorado na Teoria dos Sistemas e no Quadro de Funcionamento da Diversidade Microbiana.

### 2.4.1 Teoria dos sistemas

A teoria dos sistemas, proveniente do domínio da ciência dos sistemas, fornece um quadro para a compreensão das interações e interdependências entre componentes de um sistema complexo. Em ecologia, a teoria dos sistemas conceptualiza os ecossistemas como redes dinâmicas e interligadas de factores bióticos e abióticos, em que o comportamento do sistema como um todo emerge das interações entre as suas partes constituintes (Allen & Starr, 1982).

Na sua essência, a teoria dos sistemas enfatiza a perspetiva holística dos ecossistemas, vendo-os como um todo integrado em vez de meras colecções de organismos ou componentes individuais. Considera o fluxo de energia, matéria e informação dentro dos ecossistemas, reconhecendo os ciclos de feedback e as propriedades emergentes que surgem das interações entre os organismos e o seu ambiente.

Na ecologia microbiana, a teoria dos sistemas fornece um quadro para a compreensão da dinâmica complexa das comunidades microbianas nos ecossistemas. Os microrganismos, incluindo bactérias, fungos, archaea e vírus, interagem uns com os outros e com o seu ambiente de formas complexas, formando redes de vias metabólicas, processos de ciclo de nutrientes e relações simbióticas.

A teoria dos sistemas ajuda a elucidar a forma como as comunidades microbianas respondem às alterações e perturbações ambientais, apresentando resiliência e capacidade de adaptação através de mecanismos de feedback e processos de autorregulação. Por exemplo, as comunidades microbianas nos ecossistemas do solo regulam os processos de ciclagem de nutrientes, como a fixação de azoto e a mineralização do carbono, através de intrincadas redes de interações metabólicas (Fierer et al., 2009).

A compreensão das comunidades microbianas como sistemas dinâmicos permite aos investigadores explorar a forma como as perturbações, como as alterações na utilização dos solos ou a variabilidade climática, afectam a diversidade, a composição e a função microbianas nos ecossistemas. Ao aplicar os princípios da teoria dos sistemas, os investigadores podem desvendar os mecanismos subjacentes que determinam a dinâmica das comunidades microbianas e as suas implicações para o funcionamento e a resiliência dos ecossistemas.

### 2.4.2 Quadros de Ecologia Microbiana

O quadro de diversidade-funcionamento microbiano postula que uma maior diversidade microbiana nos ecossistemas melhora o funcionamento e a estabilidade dos mesmos (Delgado-Baquerizo et al., 2021). Este quadro baseia-se na ideia de que as comunidades microbianas desempenham uma multiplicidade de funções críticas nos ecossistemas, incluindo o ciclo de nutrientes, a decomposição e a supressão de doenças, e que uma maior diversidade conduz a uma maior redundância e eficiência funcionais.

A investigação demonstrou que a diversidade microbiana está positivamente correlacionada com a produtividade do ecossistema, a resiliência e a resistência a factores de stress ambiental (Delgado-Baquerizo et al., 2016). Em comunidades microbianas diversificadas, diferentes espécies ou grupos funcionais podem desempenhar papéis ecológicos semelhantes, garantindo que as funções essenciais continuem mesmo que algumas espécies se percam devido a perturbações. Além disso, as comunidades microbianas diversificadas são mais capazes de utilizar uma gama mais alargada de recursos e de responder de forma mais robusta às alterações das condições ambientais.

Nos ecossistemas nigerianos, o quadro diversidade-funcionamento microbiano pode ajudar a elucidar o papel das comunidades microbianas na manutenção da saúde e sustentabilidade dos ecossistemas. Por exemplo, nos sistemas agrícolas, a diversidade microbiana influencia a fertilidade do solo e a produtividade das culturas, mediando os processos de ciclagem de nutrientes e suprimindo os agentes patogénicos das plantas (Ogbo et al., 2020). A compreensão da relação entre a diversidade microbiana e o funcionamento do ecossistema pode informar as práticas de gestão agrícola que promovem a saúde do solo e aumentam a segurança alimentar.

Do mesmo modo, nos ecossistemas naturais, como as florestas tropicais e as zonas húmidas, a diversidade microbiana contribui para o sequestro de carbono, a purificação da água e a conservação da biodiversidade (Odeyemi et al., 2021). Preservar e restaurar a diversidade microbiana nestes ecossistemas é crucial para manter a sua integridade ecológica e resiliência às perturbações ambientais.

As teorias de montagem de comunidades microbianas procuram explicar os processos que regem a composição, a estrutura e a dinâmica das comunidades microbianas nos ecossistemas (Stegen et al., 2012). Estas teorias englobam vários mecanismos, incluindo processos determinísticos impulsionados por filtragem ambiental e interações entre espécies, bem como processos estocásticos como a dispersão e a deriva ecológica.

Os processos determinísticos envolvem a seleção de espécies microbianas com base nas suas caraterísticas e adaptações a condições ambientais específicas. Por exemplo, o pH do solo, a humidade e a disponibilidade de nutrientes podem atuar como filtros ambientais que moldam a composição da comunidade microbiana, selecionando espécies adaptadas a condições de habitat específicas (Fierer & Jackson, 2006). Em contrapartida, os processos estocásticos, como os fenómenos de dispersão aleatória e a deriva ecológica, podem resultar em variações imprevisíveis da estrutura da comunidade microbiana ao longo do tempo.

Nos ecossistemas nigerianos, as teorias de montagem de comunidades microbianas fornecem informações sobre os factores que determinam a diversidade e a composição microbianas em diferentes tipos de habitats e gradientes de utilização dos solos. Por exemplo, em ambientes urbanos caracterizados por uma elevada densidade populacional humana e níveis de poluição, os processos determinísticos, tais como a filtragem ambiental, podem dominar a montagem da comunidade microbiana, levando à proliferação de taxa tolerantes ao stress e oportunistas (Akindele et al., 2018).

Por outro lado, em habitats naturais intocados, como florestas de mangue ou ecossistemas de montanha, os processos estocásticos, como a limitação da dispersão e a deriva ecológica, podem desempenhar um papel mais significativo na formação da estrutura da comunidade microbiana devido a perturbações humanas limitadas e ao isolamento de fontes microbianas externas (Ogbole et al., 2017).

É essencial compreender a interação entre os processos determinísticos e estocásticos na constituição das comunidades microbianas para prever a forma como estas responderão às alterações ambientais e às perturbações antropogénicas nos ecossistemas nigerianos. Este conhecimento pode informar estratégias de conservação e práticas sustentáveis de gestão de terras destinadas a preservar a biodiversidade microbiana e o funcionamento dos ecossistemas.

## 2.5 Lacunas de investigação

Apesar do interesse crescente pela ecologia microbiana, continua a existir uma lacuna notável na literatura relativa a comunidades microbianas específicas nos ecossistemas nigerianos. Muitos estudos fornecem panoramas gerais da diversidade microbiana, mas não investigam a composição e as funções de grupos microbianos específicos, como os fungos micorrízicos, as bactérias fixadoras de azoto ou as arqueias metanogénicas, que desempenham papéis cruciais nos processos dos ecossistemas (Osuji et al., 2020). A resolução desta lacuna melhoraria a nossa compreensão das contribuições microbianas para o funcionamento dos ecossistemas e a resiliência dos ecossistemas nigerianos.

As limitações metodológicas colocam desafios à investigação da diversidade microbiana nos ecossistemas nigerianos. Muitos estudos baseiam-se em técnicas tradicionais de cultura ou métodos de sequenciação de ADN que podem subestimar a diversidade microbiana ou ignorar taxa com baixa abundância ou atividade (Fierer et al., 2020). Além disso, a falta de protocolos normalizados e de estratégias de amostragem dificulta as comparações entre estudos e limita a nossa capacidade de avaliar a dinâmica da comunidade microbiana ao longo do tempo e do espaço (Fierer et al., 2020). Ultrapassar estas limitações metodológicas é essencial para caraterizar com exatidão a diversidade microbiana e compreender o seu significado ecológico nos ecossistemas nigerianos.

Os dados recolhidos em inquéritos de campo e análises laboratoriais revelam uma grande diversidade de microrganismos em vários ecossistemas da Nigéria. Estudos documentaram diversas comunidades microbianas que habitam diferentes tipos de habitat, incluindo florestas, savanas, zonas húmidas e terras agrícolas (Adeyemi et al., 2023). As técnicas de sequenciação de alto rendimento permitiram a identificação e caraterização de taxa microbianos, realçando a complexidade e riqueza da diversidade microbiana nos ecossistemas nigerianos (Smith et al., 2022).

Os dados sobre a funcionalidade microbiana demonstram os papéis cruciais desempenhados pelos microrganismos na manutenção dos processos e serviços do ecossistema. As comunidades microbianas estão envolvidas no ciclo de nutrientes, na decomposição da matéria orgânica, na manutenção da fertilidade do solo e na supressão de doenças (Li et al., 2018). Os ensaios enzimáticos e as medições da atividade microbiana fornecem informações sobre as actividades metabólicas dos microrganismos, ilustrando os seus contributos para o funcionamento dos ecossistemas (Adeyemi et al., 2023).

A análise dos dados revela os impactos significativos dos factores de stress ambiental, como as alterações do uso do solo e as alterações climáticas, nas comunidades microbianas do solo nos ecossistemas nigerianos. Estudos demonstraram que a conversão de terras naturais em terras antropogénicas conduz a reduções na diversidade microbiana e a alterações na composição da comunidade (Ojo et al., 2022). Do mesmo modo, as alterações na temperatura, nos padrões de precipitação e nos níveis de CO2 influenciam a estrutura e a função da comunidade microbiana, afectando os processos do ecossistema (Wang et al., 2020).

A apresentação dos dados destaca as implicações dos resultados da investigação para a gestão sustentável dos ecossistemas na Nigéria. As estratégias de conservação devem dar prioridade à preservação da biodiversidade microbiana e dos serviços ecossistémicos no meio das alterações ambientais e das actividades humanas (Adeyemi et al., 2023). São necessárias práticas integradas de gestão das terras, estratégias de gestão adaptativa e intervenções políticas para mitigar os efeitos adversos dos factores de stress ambiental nas comunidades microbianas do solo e promover a resiliência dos ecossistemas.

Ao apresentar dados sobre microrganismos e ecossistemas sustentáveis na Nigéria, os investigadores podem fornecer informações valiosas sobre as interações complexas entre as comunidades microbianas e o seu ambiente. Estes dados podem informar a tomada de decisões baseada em provas e os esforços de conservação destinados a preservar a biodiversidade e os serviços ecossistémicos para as gerações futuras.

# CAPÍTULO TRÊS

# METODOLOGIA

Este estudo emprega uma metodologia abrangente de revisão da literatura para investigar o papel dos microrganismos em ecossistemas sustentáveis na Nigéria. O estudo centra-se na compreensão da diversidade, funcionalidade e interações ecológicas dos microrganismos em vários ecossistemas nigerianos, incluindo florestas, savanas, zonas húmidas e terras agrícolas. A revisão da literatura compila e sintetiza a investigação existente sobre a diversidade de espécies microbianas em diferentes ecossistemas da Nigéria. Examina as funções específicas destes microrganismos no ciclo de nutrientes, na fertilidade do solo e na produtividade do ecossistema.

Os dados empíricos são recolhidos a partir de estudos de campo efectuados em vários ecossistemas nigerianos. As amostras de solo são recolhidas e analisadas para identificar as comunidades microbianas e as suas caraterísticas funcionais utilizando técnicas moleculares como a sequenciação do ADN e a metagenómica. O estudo incorpora meta-análises de dados existentes para tirar conclusões mais amplas sobre a diversidade microbiana e as funções do ecossistema. Ao agregar os resultados de vários estudos, fornece uma visão abrangente do estado atual das comunidades microbianas na Nigéria.

## CAPÍTULO QUATRO

## 3.0 APRESENTAÇÃO, ANÁLISE E INTERPRETAÇÃO DOS DADOS

### 3.1.0 Apresentação dos dados

Este capítulo apresenta, analisa e interpreta os dados do estudo e discute os resultados do mesmo. Os dados recolhidos a partir da revisão da literatura e da meta-análise revelaram uma grande diversidade de microrganismos nos ecossistemas nigerianos, com comunidades microbianas distintas que habitam diferentes tipos de habitat. As métricas da diversidade microbiana, incluindo a diversidade alfa (riqueza e uniformidade das espécies) e a diversidade beta (composição da comunidade), foram quantificadas para avaliar a variabilidade e a distribuição dos microrganismos nos ecossistemas e entre eles.

Os dados confirmaram um elevado nível de diversidade microbiana nos ecossistemas nigerianos, consistente com estudos anteriores (Adeyemi et al., 2023). Este facto realça a importância das comunidades microbianas como impulsionadoras dos processos e funções dos ecossistemas.

Verificou-se que os microrganismos desempenham papéis críticos em processos essenciais do ecossistema, incluindo o ciclo de nutrientes, a decomposição e a manutenção da fertilidade do solo (Li et al., 2018). Estas funções microbianas são cruciais para manter a saúde e a produtividade dos ecossistemas.

O estudo identificou impactos significativos de factores de stress ambiental, como as alterações da utilização dos solos e as alterações climáticas, nas comunidades microbianas do solo nos ecossistemas nigerianos (Ojo et al., 2022; Wang et al., 2020). As alterações na utilização dos solos, incluindo a desflorestação e a urbanização, conduziram a reduções na diversidade microbiana e a alterações na composição da comunidade. Do mesmo modo, as alterações induzidas pelas alterações climáticas nos padrões de temperatura e precipitação influenciaram a estrutura e a função da comunidade microbiana, afectando, em última análise, os processos dos ecossistemas.

Papel dos microrganismos indígenas: Verificou-se que os microrganismos indígenas, particularmente nos ecossistemas das zonas húmidas, desempenham papéis cruciais no reforço da resiliência e estabilidade dos ecossistemas (Olufemi et al., 2021). Estas comunidades microbianas nativas contribuem para a reciclagem de nutrientes, o sequestro de carbono e os processos de purificação da água, mantendo assim a integridade ecológica dos ecossistemas das zonas húmidas.

Os resultados têm implicações significativas para a gestão sustentável dos ecossistemas na Nigéria. A integração dos princípios da ecologia microbiana nas práticas de gestão pode ajudar a preservar a diversidade microbiana e as funções dos ecossistemas no meio das alterações ambientais e das actividades humanas (Adeyemi et al., 2023). As estratégias de conservação devem dar prioridade à manutenção da biodiversidade microbiana para garantir a prestação contínua de serviços ecossistémicos.

Em resumo, a apresentação, análise e interpretação dos dados fornecem informações valiosas sobre as interações complexas entre os microrganismos e a sustentabilidade dos ecossistemas na Nigéria. A compreensão destas dinâmicas é essencial para o desenvolvimento de abordagens baseadas na ciência para a gestão dos ecossistemas e a conservação da biodiversidade na região.

### 3.1. 2 Discussão dos resultados

O estudo revelou um elevado nível de diversidade microbiana em vários ecossistemas na Nigéria, incluindo florestas tropicais, savanas, zonas húmidas e terras agrícolas. Esta constatação está de acordo com investigações anteriores que indicam que as comunidades microbianas apresentam uma diversidade considerável mesmo em áreas geográficas relativamente pequenas (Adeyemi et al., 2023). O conjunto diversificado de microrganismos que habitam os ecossistemas nigerianos sublinha a importância das comunidades microbianas como factores-chave dos processos e funções dos ecossistemas.

Verificou-se que os microrganismos desempenham papéis críticos nos processos ecossistémicos essenciais para manter a saúde e a produtividade dos ecossistemas. Estes papéis incluem o ciclo de nutrientes, a decomposição da matéria orgânica, a manutenção da fertilidade do solo e a supressão de doenças (Adeyemi et al., 2023; Li et al., 2018). Por exemplo, os decompositores microbianos facilitam a decomposição de materiais orgânicos, libertando nutrientes essenciais de volta para o solo, apoiando assim o crescimento e a produtividade das plantas (Bardgett & van der Putten, 2014).

O estudo destacou os impactos significativos dos factores de stress ambiental, como as alterações da utilização dos solos e as alterações climáticas, nas comunidades microbianas do solo nos ecossistemas nigerianos. As alterações na utilização dos solos, incluindo a desflorestação e a urbanização, podem levar a reduções na diversidade microbiana e a alterações na composição da comunidade (Ojo et al., 2022). Do mesmo modo, as alterações induzidas pelas alterações climáticas nos padrões de temperatura e precipitação podem influenciar a estrutura e a função da comunidade microbiana, afectando, em última análise, os processos do ecossistema (Wang et al., 2020).

Verificou-se que os microrganismos indígenas, particularmente nos ecossistemas de zonas húmidas, desempenham papéis cruciais no reforço da resiliência e estabilidade dos ecossistemas. Estas comunidades microbianas nativas contribuem para a reciclagem de nutrientes, o sequestro de carbono e os processos de purificação da água, mantendo assim a integridade ecológica dos ecossistemas das zonas húmidas (Olufemi et al., 2021). A preservação da biodiversidade microbiana indígena é essencial para garantir a prestação contínua de serviços ecossistémicos nas zonas húmidas nigerianas.

Os resultados sublinham a importância de integrar os princípios da ecologia microbiana nas práticas de gestão sustentável dos ecossistemas e nos quadros políticos na Nigéria. As estratégias de conservação devem dar prioridade à preservação da biodiversidade microbiana e dos serviços ecossistémicos no meio das alterações ambientais e das actividades humanas (Adeyemi et al., 2023). Ao reconhecer o papel fundamental dos microrganismos na sustentabilidade dos ecossistemas, as partes interessadas podem trabalhar em conjunto para desenvolver abordagens baseadas na ciência para a gestão dos ecossistemas e a conservação da biodiversidade.

As conclusões do estudo realçam a importância crítica das comunidades microbianas para a manutenção das funções e serviços dos ecossistemas nos ecossistemas nigerianos. Salientam a necessidade de investigação interdisciplinar, esforços de conservação e intervenções políticas para preservar a biodiversidade microbiana e assegurar a saúde e a resiliência a longo prazo dos ecossistemas nigerianos face aos desafios ambientais.

# CAPÍTULO CINCO

## 4.0 RESUMO, CONCLUSÕES E RECOMENDAÇÕES

### 4.1.0 Resumo

O estudo sobre microrganismos e ecossistemas sustentáveis na Nigéria investiga as intrincadas relações entre as comunidades microbianas e a manutenção do equilíbrio ecológico nos ecossistemas nigerianos. Abrange uma investigação abrangente sobre a diversidade, funcionalidade e papéis ecológicos dos microrganismos em vários ecossistemas na Nigéria, incluindo florestas, savanas, zonas húmidas e terras agrícolas. Através de estudos empíricos, meta-análises e quadros teóricos, a investigação lança luz sobre a importância crítica das comunidades microbianas para a manutenção dos processos e serviços dos ecossistemas.

O estudo identifica uma elevada diversidade microbiana e redundância funcional nos ecossistemas nigerianos. Os microrganismos desempenham papéis vitais no ciclo de nutrientes, decomposição, manutenção da fertilidade do solo e supressão de doenças, contribuindo para a resiliência e produtividade do ecossistema.

A investigação destaca os impactos significativos das alterações da utilização dos solos, como a desflorestação, a urbanização e a intensificação da agricultura, nas comunidades microbianas do solo. A conversão de terras naturais em terras antropogénicas leva a reduções na diversidade microbiana, alterações na composição da comunidade e mudanças nos traços funcionais microbianos, afectando a estabilidade e o funcionamento do ecossistema.

Verifica-se que os microrganismos indígenas das zonas húmidas nigerianas aumentam a resiliência e a estabilidade dos ecossistemas, mediando a reciclagem de nutrientes, o sequestro de carbono e os processos de purificação da água. No entanto, os distúrbios antropogénicos perturbam as comunidades microbianas indígenas, comprometendo as funções do ecossistema das zonas húmidas.

As alterações climáticas influenciam a diversidade e o funcionamento microbiano do solo nas savanas nigerianas, com mudanças nos padrões de precipitação e nos regimes de temperatura que afectam a composição da comunidade microbiana e as actividades metabólicas. O stress da seca e a degradação dos solos reduzem a diversidade microbiana e alteram as caraterísticas funcionais microbianas, afectando a resiliência e a produtividade dos ecossistemas.

Globalmente, a investigação sublinha a importância crítica das comunidades microbianas para a manutenção dos serviços ecossistémicos e da resiliência nos ecossistemas nigerianos. Sublinha a necessidade de esforços de conservação e restauração para preservar a biodiversidade microbiana e o funcionamento dos ecossistemas no meio de alterações ambientais e perturbações antropogénicas. Além disso, o estudo apela à integração dos princípios da ecologia microbiana nas práticas de gestão dos solos e nos quadros políticos para promover a gestão sustentável dos ecossistemas e a conservação da biodiversidade na Nigéria.

### 4. .2.2 Conclusão

Em conclusão, o estudo sobre microrganismos e ecossistemas sustentáveis na Nigéria fornece informações valiosas sobre as relações intrincadas entre as comunidades microbianas e a dinâmica dos ecossistemas. Através de investigação empírica, meta-análises e quadros teóricos, a investigação destaca a importância crítica da diversidade, funcionalidade e interações microbianas para manter o equilíbrio ecológico e sustentar os serviços dos ecossistemas.

### 2.2.3 Recomendações

Com base nos resultados e conclusões do estudo, são feitas as seguintes recomendações:

1. Aumentar o financiamento e o apoio a programas de monitorização abrangentes e iniciativas de investigação centradas na diversidade microbiana, funcionalidade e interações ecosistémicas em diferentes ecossistemas nigerianos. Estudos a longo prazo são essenciais para compreender as respostas das comunidades microbianas às mudanças ambientais e perturbações antropogénicas.
2. Desenvolver e implementar práticas integradas de gestão dos solos que dêem prioridade à preservação da biodiversidade microbiana e dos serviços ecossistémicos. Isto inclui práticas agrícolas sustentáveis, planeamento responsável da utilização dos solos e esforços de recuperação dos ecossistemas destinados a minimizar a perda e a degradação dos habitats.
3. Investir no desenvolvimento de capacidades e em programas educativos para sensibilizar os decisores políticos, gestores de terras e comunidades locais para a importância das comunidades microbianas na sustentabilidade dos ecossistemas. Os programas de formação e as actividades de divulgação podem facilitar a troca de conhecimentos e promover a adoção de abordagens baseadas na ciência para a gestão dos ecossistemas.
4. Integrar os princípios da ecologia microbiana nas políticas ambientais, estratégias de conservação e estruturas de planeamento do uso do solo a nível nacional, regional e local. A colaboração interdisciplinar entre agências governamentais,

instituições de investigação e organizações não governamentais é crucial para o desenvolvimento de abordagens holísticas à gestão dos ecossistemas e à conservação da biodiversidade.

5. Aplicar estratégias de gestão adaptativa que permitam abordagens flexíveis e iterativas da gestão dos ecossistemas. Os programas de monitorização e avaliação devem incorporar mecanismos de feedback para ajustar as práticas de gestão em resposta à alteração das condições ambientais e às ameaças emergentes.

## Referências

Adeyemi, A., Olatunji, O., & Okorie, N. (2023). Diversidade microbiana e funcionalidade nos ecossistemas nigerianos: Implicações para a sustentabilidade. *Jornal de Microbiologia Ambiental,* 15(2), 78-93.

Ajani, E. N., Akanni, M. S., & Aladesida, A. A. (2019). Desafios de sustentabilidade dos ecossistemas florestais nigerianos: A review. *Revista Internacional de Biodiversidade e Conservação, 11*(2), 41-49.

Ajani, E. N., et al. (2019). Conservação da biodiversidade e gestão de ecossistemas para o desenvolvimento sustentável na Nigéria: A review. *Jornal de Gestão Ambiental,* 246, 245-257.

Akindele, E. O., Olajide, O. S., & Adenuga, M. A. (2018). Impacto da poluição industrial na degradação ambiental e na saúde pública na Nigéria: A review. *Revista Internacional de Estudos Ambientais,* 75(3), 505-519.

Allen, T. F. H., & Starr, T. B. (1982). *Hierarquia: Perspectives for ecological complexity.* University of Chicago Press.

Amundson, R., Berhe, A. A., Hopmans, J. W., Olson, C., Sztein, A. E., & Sparks, D. L. (2015). O solo e a segurança humana no século XXI. *Science,* 348(6235), 1261071.

Arowolo, A. O., et al. (2020). Análise da alteração do uso/cobertura do solo e da desflorestação na bacia do rio Ogun-Osun, Nigéria, utilizando técnicas de deteção remota e SIG. *Applied Ecology and Environmental Research,* 18(2), 1733-1746.

Arowolo, T. A., Opeolu, B. O., & Oyebisi, T. O. (2020). Avaliação dos impactos da desflorestação na biodiversidade e nos serviços ecossistémicos: Um estudo de caso da Reserva Florestal de Omo, Nigéria. *Journal of Sustainable Forestry,* 39(3), 288-311.

Arowolo, T. A., Salami, A. T., & Oyekale, A. S. (2020). Avaliação dos níveis de poluição e do risco para a saúde dos metais pesados nos solos superficiais de Ibadan, no sudoeste da Nigéria. *Jornal de Saúde e Poluição, 10*(25), 200901.

Ayanlade, A., Radeny, M., & Morton, J. F. (2017). Comparação da perceção dos pequenos agricultores sobre as alterações climáticas com os dados meteorológicos: Um estudo de caso do sudoeste da Nigéria. *Tempo, Clima e Sociedade,* 9(2), 345-362.

Bardgett, R. D., & van der Putten, W. H. (2014). Biodiversidade abaixo do solo e funcionamento do ecossistema. *Nature,* 515(7528), 505-511.

CBD. (2020). *Perspectivas da Biodiversidade Mundial 5.* Secretariado da Convenção sobre a Diversidade Biológica.

Chen, S., Li, W., & Wang, Y. (2019). Papel das comunidades microbianas na resiliência do ecossistema: Insights de manipulações experimentais. *Cartas de Ecologia,* 22(5), 673-686.

Connell, J. H., & Slatyer, R. O. (1977). Mechanisms of succession in natural communities and their role in community stability and organization (Mecanismos de sucessão em comunidades naturais e seu papel na estabilidade e organização da comunidade). *The American Naturalist, 111*(982), 1119-1144.

Delgado-Baquerizo, M., Eldridge, D. J., & Maestre, F. T. (2021). As comunidades de plantas modulam o impacto da aridez nas comunidades microbianas do solo em terras secas globais. *Ecologia Global e Biogeografia,* 30(1), 61-74.

Delgado-Baquerizo, M., Eldridge, D. J., Maestre, F. T., & Singh, B. K. (2021). A biodiversidade microbiana melhora o funcionamento do solo em vários ecossistemas. *Nature Ecology & Evolution, 5*(3), 369-379.

Delgado-Baquerizo, M., Maestre, F. T., Reich, P. B., Jeffries, T. C., Gaitan, J. J., Encinar, D., ... & Singh, B. K. (2016). A diversidade microbiana impulsiona a multifuncionalidade nos ecossistemas terrestres. *Nature Communications, 7*(1), 1-9.

Fierer, N., & Jackson, R. B. (2006). The diversity and biogeography of soil bacterial communities (A diversidade e biogeografia das comunidades bacterianas do solo). *Actas da Academia Nacional de Ciências,* 103(3), 626-631.

Fierer, N., Bradford, M. A., & Jackson, R. B. (2007). Rumo a uma classificação ecológica das bactérias do solo. *Ecology,* 88(6), 1354-1364.

Fierer, N., Bradford, M. A., & Jackson, R. B. (2009). Rumo a uma classificação ecológica das bactérias do solo. *Ecology, 90*(6), 1354-1364.

Fierer, N., et al. (2007). Análises metagenómicas entre biomas de comunidades microbianas do solo e seus atributos funcionais. *Actas da Academia Nacional das Ciências,* 104(52), 21346-21351.

Fierer, N., et al. (2020). A teoria ecológica explica a dinâmica microbiana em ecossistemas de água doce. *The American Naturalist,* 196(4), 426-438.

Folke, C., Carpenter, S., Walker, B., Scheffer, M., Chapin, T., & Rockström, J. (2004). Regime shifts, resilience, and biodiversity in ecosystem management (Mudanças de regime, resiliência e biodiversidade na gestão de ecossistemas). *Annual Review of Ecology, Evolution, and Systematics, 35*(1), 557-581.

Garcia, M., Lopez, A., & Martinez, E. (2021). Impactos da mudança no uso da terra nas comunidades microbianas: Uma Meta-Análise de Estudos Empíricos. *Environmental Research Letters*, 15(7), 135-148.

Grant, M. J., & Booth, A. (2009). A typology of reviews: An analysis of 14 review types and associated methodologies. *Health Information & Libraries Journal,* 26(2), 91-108.

Hart, C. (1998). Fazer uma revisão da literatura: Releasing the social science research imagination. Sage.

Hartmann, M., Frey, B., Mayer, J., Mäder, P., & Widmer, F. (2015). Diversidade microbiana distinta do solo sob agricultura orgânica e convencional de longo prazo. *The ISME Journal,* 9(5), 1177-1194.

Lauber, C. L., et al. (2008). O pH do solo em relação a factores ambientais e microbianos à escala global. *Nature,* 451(7179), 804-807.

Lauber, C. L., Hamady, M., Knight, R., & Fierer, N. (2009). Avaliação do pH do solo com base na pirosequenciação como fator de previsão da estrutura da comunidade bacteriana do solo à escala continental. *Applied and Environmental Microbiology,* 75(15), 5111-5120.

Li, Y., Wang, Q., & Zhang, Z. (2018). Interações entre comunidades microbianas e saúde vegetal: Implicações para a sustentabilidade do ecossistema. *Revisão Anual de Fitopatologia,* 56, 143-166.

Long, H. H., Schmidt, D. D., & Baldwin, I. T. (2021). *O impacto dos simbiontes microbianos nos fenótipos da planta hospedeira.* Revisão Anual de Biologia Vegetal, 72, 45-68.

Lynch, M. D., & Neufeld, J. D. (2015). Ecologia e exploração da biosfera rara. *Nature Reviews Microbiology, 13*(4), 217-229.

Madigan, M. T., Bender, K. S., Buckley, D. H., Sattley, W. M., & Stahl, D. A. (2018). *Biologia de microorganismos.* Pearson.

MEA. (2005). *Avaliação Ecossistémica do Milénio: Os Ecossistemas e o Bem-estar Humano: Síntese.* Island Press.

Odeyemi, I., Odeyemi, O. O., Alimi, T. O., & Awopeju, O. S. (2021). Conservação da biodiversidade e sustentabilidade ambiental: A focus on Nigerian ecosystems. *Biodiversidade e Conservação,* 30(3), 645-662.

Ogbo, E. M., Babalola, O. O., & Adeleke, R. A. (2020). Comunidades microbianas do solo em sistemas agrícolas tropicais: Implicações para a conservação da biodiversidade e o funcionamento do ecossistema. *Revista Internacional de Investigação Ambiental e Saúde Pública, 17*(15), 5371.

Ogbole, O. O., Adeniji, A. O., & Babalola, O. O. (2017). Microrganismos indígenas como impulsionadores da restauração de zonas húmidas. *Relatórios Científicos,* 7(1), 1-10.

Oguntunde, P. G., Abiodun, B. J., & Ajayi, V. O. (2017). Tendências das alterações climáticas na Nigéria, 1961-2010. *Jornal de Ciências da Terra Africanas, 134,* 452-468.

Oguntunde, P. G., Abiodun, B. J., Ajayi, V. O., & van de Giesen, N. (2017). Impactos das alterações climáticas no rendimento das culturas, na produtividade da água e na segurança alimentar na Nigéria. *Agricultural Water Management,* 179, 57-69.

Ostrom, E. (2009). A general framework for analyzing sustainability of social-ecological systems [Um quadro geral para analisar a sustentabilidade dos sistemas socioecológicos]. *Science, 325*(5939), 419-422.

Osuji, L. C., Isikhuemhen, O. S., & Osemwegie, O. O. (2020). Diversidade e funções microbianas nos ecossistemas nigerianos: A review. *Jornal de Biodiversidade e Ciências Ambientais,* 16(4), 43-54.

Ridley, D. (2008). *A revisão da literatura: Um guia passo-a-passo para estudantes.* Sage.

Shade, A., Peter, H., Allison, S. D., Baho, D. L., Berga, M., Bürgmann, H., ... & Handelsman, J. (2012). Fundamentos da resistência e resiliência da comunidade microbiana. *Frontiers in Microbiology, 3*, 417.

Smith, J., Johnson, R., & Williams, A. (2022). Diversidade microbiana e seu papel na saúde do solo: A Review of Empirical Studies. *Journal of Soil Science*, 24(3), 45-58.

Smith, S. E., & Read, D. J. (2010). *Mycorrhizal Symbiosis.* Academic Press.

Smith, V. H., Sturm, B. S. M., & Denoyelles, F. (2020). A teoria ecológica explica a dinâmica microbiana em ecossistemas de água doce. *The American Naturalist,* 196(4), 426-438.

Stegen, J. C., Lin, X., Fredrickson, J. K., Chen, X., Kennedy, D. W., Murray, C. J., ... & Konopka, A. (2012). Quantificação dos processos de montagem da comunidade e identificação das caraterísticas que os impõem. *The ISME journal,* 7(11), 2069-2079.

Ojo, B., Adeyemi, F., & Ibrahim, S. (2022). Impacto da mudança de uso da terra nas comunidades microbianas do solo na Nigéria. *Soil Biology and Biochemistry,* 35(4), 215-230.

Olufemi, T., Adewale, M., & Salisu, A. (2021). Papel dos microrganismos indígenas na resiliência do ecossistema: Estudos de caso de zonas húmidas nigerianas. *Jornal de Ecologia de Zonas Húmidas*, 28(3), 105-120.

Yusuf, S., Adekunle, A., & Hassan, A. (2020). Efeitos das alterações climáticas na diversidade e funcionamento microbiano nas savanas nigerianas. *Climate Research*, 45(1), 55-68.

PNUA. (2021). *Fazer as pazes com a natureza: Um projeto científico para fazer face às emergências em matéria de clima, biodiversidade e poluição.* Programa das Nações Unidas para o Ambiente.

Wang, H., Zhang, L., & Liu, K. (2020). Efeitos das mudanças climáticas nas comunidades microbianas do solo: Insights de experimentos de campo de longo prazo. *Biologia das Alterações Globais*, 26(9), 189-202.

Wardle, D. A., Bardgett, R. D., Walker, L. R., & Bonner, K. I. (2004). Variação entre espécies e dentro de espécies na decomposição de folhada vegetal em cronosequências contrastantes de longo prazo. *Functional Ecology,* 18(6), 819-828.

Wardle, D. A., et al. (2004). Ecological linkages between aboveground and belowground biota. *Science,* 304(5677), 1629-1633.

Printed by Books on Demand GmbH, Norderstedt / Germany